Rachmat Hermawan

Utilização de cinzas volantes como aditivo para betão e tecnologia de captura de carbono

Rachmat Hermawan

Utilização de cinzas volantes como aditivo para betão e tecnologia de captura de carbono

de uma central eléctrica de co-combustão biomassa-carvão na indonésia: Uma revisão

ScienciaScripts

Imprint

Any brand names and product names mentioned in this book are subject to trademark, brand or patent protection and are trademarks or registered trademarks of their respective holders. The use of brand names, product names, common names, trade names, product descriptions etc. even without a particular marking in this work is in no way to be construed to mean that such names may be regarded as unrestricted in respect of trademark and brand protection legislation and could thus be used by anyone.

Cover image: www.ingimage.com

This book is a translation from the original published under ISBN 978-620-7-48805-6.

Publisher:
Sciencia Scripts
is a trademark of
Dodo Books Indian Ocean Ltd. and OmniScriptum S.R.L publishing group

120 High Road, East Finchley, London, N2 9ED, United Kingdom
Str. Armeneasca 28/1, office 1, Chisinau MD-2012, Republic of Moldova, Europe
Printed at: see last page
ISBN: 978-620-7-79165-1

Rachmat Hermawan

POTENCIAL UTILIZAÇÃO DE CINZAS VOLANTES PARA MISTURA DE BETÃO E TECNOLOGIA DE CAPTURA DE CARBONO DE UMA CENTRAL ELÉCTRICA DE CO-COMBUSTÃO BIOMASSA-CARVÃO NA INDONÉSIA: UMA REVISÃO

ÍNDICE DE CONTEÚDOS

LISTA DE FIGURAS

LISTA DE QUADROS

PREFÁCIO

As centrais eléctricas a carvão (CFPPs) continuam a desempenhar um papel central no panorama da produção de eletricidade na Indonésia, reflectindo a dependência duradoura do país das fontes de energia convencionais. No entanto, no meio das crescentes preocupações ambientais e dos compromissos globais para a adoção de energias renováveis, o imperativo de diversificação e inovação no sector da energia torna-se cada vez mais urgente. Uma iniciativa estratégica para responder a este imperativo é a co-combustão biomassa-carvão, que oferece uma via promissora para melhorar a carteira de energias renováveis da Indonésia. Ao integrar a biomassa juntamente com o carvão nas operações da CFPP, este programa tem um potencial significativo para contribuir substancialmente para o ambicioso objetivo da Indonésia em matéria de energias renováveis, fixado em 23% até ao ano 2025.

A integração da biomassa nas operações da CFPP representa uma abordagem multifacetada à produção sustentável de energia. A biomassa, derivada de fontes orgânicas como a madeira, os resíduos agrícolas e as culturas bioenergéticas, oferece várias vantagens em relação aos combustíveis fósseis tradicionais. Nomeadamente, a biomassa é renovável, abundante e emite níveis mais baixos de gases com efeito de estufa do que o carvão quando queimada. Ao co-combustão de biomassa com carvão, as CFPPs podem reduzir a sua dependência do carvão, diversificar as suas fontes de combustível e mitigar o seu impacto ambiental. Além disso, a co-combustão biomassa-carvão pode contribuir para o desenvolvimento rural, criando mercados para os resíduos agrícolas e promovendo práticas sustentáveis de gestão dos solos.

O imperativo de mitigar o impacto ambiental das operações das centrais nucleares exige a exploração de estratégias sustentáveis de gestão de resíduos. É aqui que reside a importância da utilização das cinzas volantes, uma abordagem inovadora para reorientar os resíduos sólidos gerados pelas centrais de produção de cimento. Ao aproveitar as cinzas volantes como um recurso valioso para a mistura de cimento e ao facilitar as tecnologias de captura de carbono, a Indonésia pode enfrentar dois desafios críticos em simultâneo.

A utilização de cinzas volantes é promissora como solução sustentável para mitigar o impacto ambiental das operações das centrais de produção de cimento. Ao incorporar as cinzas volantes na produção de betão como material cimentício suplementar, a Indonésia pode reduzir a sua dependência do cimento tradicional, conservando assim os recursos naturais e diminuindo as emissões de carbono associadas à produção de cimento. Além disso, as cinzas volantes podem ser utilizadas em tecnologias de captura de carbono para sequestrar as emissões de dióxido de carbono das centrais nucleares, melhorando ainda mais o seu desempenho ambiental. Ao reutilizar as cinzas volantes destas formas, a Indonésia pode minimizar a pressão sobre os aterros, reduzir as emissões e avançar para um futuro energético mais sustentável.

À luz dos crescentes esforços globais no sentido da neutralidade do carbono e das emissões líquidas zero (NZE), a ação transformadora no sector energético da Indonésia torna-se cada vez mais urgente. Neste contexto, a integração da co-combustão biomassa-carvão e da utilização de cinzas volantes surge como uma via pragmática para alcançar objectivos de sustentabilidade a longo prazo. Ao aproveitar o potencial sinérgico destas iniciativas, a Indonésia pode efetuar a transição para um paradigma energético mais ecológico e, ao mesmo tempo, enfrentar desafios ambientais prementes. Através do investimento estratégico, do apoio político e da colaboração das partes interessadas, a Indonésia pode lançar as bases para um futuro energético mais resiliente e ambientalmente responsável, contribuindo para os esforços globais de combate às alterações climáticas e garantindo um futuro sustentável para as gerações vindouras.

(Página em branco)

POTENCIAL UTILIZAÇÃO DE CINZAS VOLANTES PARA MISTURA DE BETÃO E TECNOLOGIA DE CAPTURA DE CARBONO DE UMA CENTRAL ELÉCTRICA DE CO-COMBUSTÃO BIOMASSA-CARVÃO NA INDONÉSIA: UMA REVISÃO

1 *Âmbito do trabalho*

1. Utilização de cinzas volantes:

   - Análise das propriedades das cinzas volantes produzidas em centrais eléctricas de co-combustão biomassa-carvão.

   - Avaliar as potenciais aplicações de cinzas volantes em formulações de aditivos para betão, tendo em conta a sua composição química, propriedades físicas e impactos ambientais.

   - Avaliar o desempenho do betão que incorpora cinzas volantes em termos de resistência, durabilidade e outros factores relevantes.

2. Tecnologia de captura de carbono:

   - Investigação de várias tecnologias de captura de carbono aplicáveis a centrais eléctricas de co-combustão biomassa-carvão.

   - Avaliar a viabilidade, a eficiência e a relação custo-eficácia de diferentes métodos de captura de carbono.

   - Analisar os potenciais benefícios e desafios ambientais associados à implementação da captura de carbono.

3. Análise de mercado:

   - Examinar a procura no mercado de aditivos para betão na Indonésia e as potenciais oportunidades de crescimento.

   - Identificação de potenciais barreiras e oportunidades para a adoção de tecnologias de captura de carbono no sector energético da Indonésia.

- Considerar os quadros políticos, os requisitos regulamentares e os incentivos relevantes para a utilização de cinzas volantes e as iniciativas de captura de carbono na Indonésia.

2 Introdução

A nível mundial, as centrais eléctricas a carvão (CFPP) continuam a ser a maior fonte de energia para a produção de eletricidade. Recentemente, as comunidades mundiais estão a enfrentar grandes desafios na redução das emissões de gases com efeito de estufa (GEE). Todos os países desenvolvidos e em desenvolvimento estão a investir maciçamente na substituição de combustíveis fósseis, como o carvão, por fontes de energia renováveis. A co-combustão com carvão e biomassa nas centrais de produção de calor e eletricidade existentes permite uma melhoria significativa na utilização de fontes de energia renováveis e na redução das emissões de GEE.

O Governo da Indonésia comprometeu-se a atenuar as alterações climáticas, estabelecendo objectivos de redução das emissões e de emissões líquidas nulas (NZE) até 2060. O roteiro foi estabelecido com um objetivo de 23% de energias renováveis, que deverá ser alcançado até 2025 (MEMR, 2021). De acordo com o Ministério da Energia e dos Recursos Minerais (MEMR), as reservas de biomassa na Indonésia têm um potencial total de 43 211 GWh por ano (Kuvarakul et al., 2015). Neste caso, o PLN, enquanto empresa pública indonésia de eletricidade, está empenhado em apoiar a realização de objectivos através da utilização da biomassa. Para apoiar este objetivo, a PLN tem um programa de utilização de uma mistura de biomassa com carvão (co-combustão de biomassa) para uma central de produção de eletricidade a carvão existente em 52 locais. A co-combustão de biomassa é capaz de reduzir o nível de emissão de CO_2 das centrais eléctricas com o aumento do rácio de biomassa (Gil & Rubiera, 2019). A matéria-prima da biomassa tem normalmente de ser convertida em combustíveis sólidos, líquidos ou gasosos que podem fornecer energia térmica ou gerar eletricidade (Parlamento Europeu e Conselho, 2005).

Os combustíveis de biomassa são considerados neutros em termos de carbono (D. Yao et al., 2022)e a co-combustão de biomassa na CFPP é a solução mais eficaz para atingir o objetivo do cabaz energético pelas seguintes vantagens: (i) Baixo investimento inicial: A co-combustão de biomassa pode ser implementada apenas com a modificação parcial da CFPP existente; (ii) Via rápida: Não é necessária a aquisição de novos terrenos e a construção de novas instalações; (iii) Elevada resiliência energética: A co-combustão de biomassa pode gerar energia de grande capacidade independentemente das condições meteorológicas e manter um elevado fator de capacidade; (iv) Elevada flexibilidade operacional: A co-combustão de biomassa pode ajustar a carga tão bem como as unidades existentes; (v) Melhoria da segurança energética: É possível a dupla utilização da biomassa e do carvão. Além disso, a biomassa tem benefícios como substituto da energia fóssil, que pode reduzir o efeito de emissão de gases com efeito de estufa (GEE), reduzir os resíduos orgânicos, proteger a limpeza da água e do solo, reduzir a poluição atmosférica e reduzir a chuva ácida e o nevoeiro ácido (Rahman et al., 2022).

Tendo em conta que a Indonésia já dispõe de uma central de produção de calor e eletricidade de grande capacidade, a utilização da biomassa pode ser feita através da co-combustão com carvão. Os esforços para desenvolver a co-combustão de biomassa podem ser apoiados pelo facto de a Indonésia dispor de um grande recurso energético de biomassa (Abdullah, 2002). Mais de 30 CFPPs implementaram programas de co-combustão após testes com produção de energia verde de 393.483 MWh. Este programa também consumiu 384.042 toneladas de biomassa e poderia reduzir as emissões de CO_2 em aproximadamente 391.610 toneladas de CO_2 até setembro de 2022, com base nos relatórios PLN.

A co-combustão de biomassa e carvão foi demonstrada, testada e comprovada em todos os tipos de caldeiras habitualmente utilizadas pela CFPP (carvão pulverizado, leito fluidizado circulante e fornalha). Demonstrações e testes extensivos noutros países também confirmaram que a utilização de 100% de combustíveis de biomassa numa caldeira pode ser realizada com modificações nos sistemas de alimentação de combustível, queimador e sistemas de injeção de cinzas como âmbito mínimo de modificação (Truong et al., 2022; Variny et al., 2021). A perda de eficiência da caldeira foi pequena ou insignificante na co-combustão de biomassa em carvão de baixo teor. Foram consideradas várias avaliações técnicas do sistema de alimentação de combustível, da química da caldeira, da deposição de cinzas e da eliminação de cinzas. As perdas de eficiência da caldeira causadas pela co-combustão são pequenas (Wang et al., 2021). As perdas de eficiência da caldeira ocorrem geralmente quando é utilizado o elevado teor de humidade dos combustíveis de biomassa. A economia da co-combustão depende da localização das centrais elétricas, do tipo de caldeiras e da disponibilidade de combustíveis de biomassa de baixo custo (Dzikuć & Łasiński, 2014).

Na aplicação, a coincineração de CFPP produz cinzas volantes (FA) como produto da queima de carvão-biomassa. As enormes quantidades de cinzas volantes geradas pelas centrais de coincineração tornam-se um grave problema ambiental. Na Indonésia, os parques de cinzas são atualmente utilizados para armazenar as cinzas volantes não neutralizadas. Com base no Plano de Negócios de Fornecimento de Eletricidade (RUPTL), a quantidade total de consumo de carvão para gerar eletricidade de ano para ano foi informada na Tabela 1 (MEMR, 2021).

Quadro 1. Dados sobre o consumo de carvão ano a ano

Coal	2016	2017	2018	2019	2020
Consumption (Tones)	70,176,529	80,121,370	87,723,690	98,676,236	66,190,974

Com base no quadro acima, verificou-se um aumento do consumo de carvão, mas mais lento em 2020 devido à pandemia global de COVID 19. Este efeito pandémico da procura de eletricidade vai abrandar.

A PLN comunica a utilização de cinzas volantes e de fundo (FABA). Foram implementados na Indonésia, apoiando a neutralidade em termos de carbono, para além de obterem a criação de valor para a economia local, como mostra o quadro 2 por ano de 2020.

Tabela 2. Dados sobre a utilização de cinzas volantes e cinzas residuais por ilha

Region	Total Utilization (Tones)
Sumatera	1,542,160.29
Jawa	476,813.95
Kalimantan	17,675.25
Sulawesi	77,763.87
Nusa Tenggara	26,141.26

Apesar de o AF já não ser classificado como um resíduo perigoso e tóxico, a sua utilização ainda é baixa (Aryanti & Simbolon, 2022). Além disso, o AF tem elevados benefícios económicos em vários países que têm sido bem sucedidos na gestão deste tipo de resíduos (Fernando et al., 2022). A utilização de AF tem um vasto potencial, tanto a nível ambiental como económico. Numerosos investigadores investigaram a utilização alternativa de cinzas volantes em vários sectores (Ahmaruzzaman, 2010; Sibanda et al., 2016; Z. T. Yao et al., 2014). A utilização de AF tem um impacto positivo no espaço dos aterros sanitários e incentiva a redução das emissões globais. Foram realizados vários estudos relacionados com o desempenho do betão armado contendo AF e, recentemente, sobre a utilização de AF na tecnologia de captura de carbono (Balachandra et al., 2021; Varadharajan et al., 2023).

No entanto, há ainda várias questões não discutidas que precisam de ser abordadas através da investigação das características do AF na Indonésia e da sua potencial utilização. Assim, este estudo tem como objetivo analisar as características do AF com a variação da biomassa proveniente da co-combustão da CFPP e descobrir o potencial de utilização do AF com base nas suas características, em comparação com a revisão da literatura. Em primeiro lugar, este trabalho centrou-se na utilização global do AF que foi discutida por vários investigadores. A secção de revisão da literatura apresenta a utilização do AF, como aditivo para betão e tecnologia de captura de carbono. De seguida, foram investigadas as características do AF a partir de várias biomassas, tais como aparas de madeira, serradura, casca de palmiste (PKS), casca de arroz e espigas de milho. Depois, o potencial de utilização foi analisado e comparado com a literatura na secção Resultados e Discussão

3 Metodologia

A situação das operações de co-combustão na Indonésia já atingiu 5% de co-combustão de massa em várias centrais eléctricas. No entanto, devido a algumas limitações, como a quantidade de recursos e tecnologias de resíduos de biomassa, o aumento da composição da biomassa na co-combustão é difícil de alcançar nas condições actuais. Considerando o objetivo de redução das emissões de dióxido de carbono para a central eléctrica em 2025, a co-combustão de 5% da massa não cumprirá o objetivo pré-determinado. O objetivo especificado poderá ser alcançado com uma percentagem de co-combustão mais elevada, como 30% de co-combustão energética. Esta é uma grande preocupação, especialmente no que diz respeito aos recursos, ao cenário de oferta e procura e à questão técnica dentro da central eléctrica que tem de ser resolvida.

Este estudo investiga cinco biomassas diferentes de centrais eléctricas na Indonésia, tais como aparas de madeira, serradura, casca de palmiste (PKS), casca de arroz e espigas de milho. Nesta investigação, a biomassa é identificada a seguir Tabela3.

Tabela 3. Tipo de biomassa

Biomass Type	Identified
Woodchip	A
Sawdust	B
Palm kernel shell (PKS)	C
Rice husk	D
Corn cobs	E

A revisão da literatura foi aplicada para os métodos deste documento. Foram investigados numerosos estudos e literaturas recentes. Seguiu-se uma abordagem em três etapas para investigar a utilização de AF como aditivo para betão e tecnologia de captura de carbono, como se segue:

1. Investigação das características do combustível (carvão e biomassa) e análise da FA da central eléctrica.

2. Comparação da análise de AF com a norma ASTM C618 e revisão dos estudos recentes sobre a utilização de AF como aditivo de cimento. O ensaio de carbonatação com o indicador de pH fenolptaleína é realizado para confirmar visualmente a profundidade da carbonatação no betão após imersão em solução de NaCl a 3,5%.

3. Caracterização de AF com Microscópio Eletrónico de Varrimento (SEM) e revisão dos estudos recentes sobre a utilização de AF para captura de carbono de cada central eléctrica.

4   Utilização de cinzas volantes

Na Indonésia, as centrais de produção de carvão foram identificadas como a principal fonte de emissão de CO_2 devido ao processo de combustão do carvão e ao facto de o carvão ser dominante como fonte de combustível no cabaz energético. Por conseguinte, como subproduto da combustão do carvão, o AF tem desempenhado um papel no problema ecológico. A utilização do AF tem sido amplamente implementada. A utilização de AF varia de país para país. Nos países desenvolvidos e industrializados, como os países europeus e os EUA, registam-se taxas de utilização elevadas. De acordo com a Associação Europeia de Produtos de Combustão de Carvão, a Europa produziu cerca de 40 milhões de toneladas de cinzas em 2016 e reutilizou mais de 90% para recuperação e para a indústria da construção. Por outro lado, segundo a Associação Americana de Cinzas de Carvão, os EUA produziram cerca de 107 milhões de toneladas de cinzas e reutilizaram aproximadamente 60%. No entanto, em 2020, o total de resíduos da combustão do carvão foi reduzido para 40 milhões de toneladas, tendo sido reutilizados cerca de 58% (Vilakazi et al., 2022). Na Europa, como a Grécia, a Polónia e a Espanha, as propriedades desses resíduos das CFPPs podem ser convenientemente tratadas a fim de tornar as suas composições compatíveis com aplicações industriais, tais como materiais cimentícios suplementares (Ćwik et al., 2019). Na Ásia Central, como o Cazaquistão, a FA poderia ser utilizada na resolução de problemas de contaminação por mercúrio, destacando e comparando a tecnologia de ponta de materiais porosos e não porosos (Satayeva et al., 2022). Noutro continente, como a África do Sul, são produzidas anualmente mais de 50 milhões de toneladas de cinzas, enquanto cerca de 10% são reutilizadas, principalmente na indústria da construção civil (Reynolds-Clausen & Singh, 2019).

O betão e o cimento desempenham papéis dominantes e essenciais na indústria da construção. É necessário utilizar materiais cimentícios suplementares para substituir o cimento, a fim de reduzir o consumo de recursos e a pegada de carbono na produção de cimento e betão (Sun et al., 2020). Tabela4 resume a utilização de AF como aditivo para betão.

Tabela 4. Revisão da literatura sobre a utilização de AF como aditivo para betão

Autores	Foco da investigação	Método	Resultado
(Chindaprasirt et al., 2020)	Estudou o desempenho do betão a partir de cinzas de bagagem (BA) de grande volume para cimentos de mistura binária e terciária	50-70% de BA para misturas binárias e 20% de FA para misturas ternárias. Método de ensaio por ensaio rápido de permeabilidade ao cloreto, ensaio de imersão, ensaio de compressão e ensaio de tensão de impressão	Mostrou que a mistura de 50% de BA e 20% de FA era a fórmula óptima, tendo em conta a resistência, o custo e a durabilidade
(Tosti et al., 2018)	Avaliação do desempenho ambiental pegada de carbono argamassas de cimento a partir de biomassa FA	Variação de 20% e 40% do peso total do ligante Cimento Portland Ordinário (OPC) com biomassa	A utilização de FA de biomassa pode reduzir a pegada de carbono do betão em 40%
(Rajamma et al., 2009)	Análise do desempenho técnico de uma formulação de cimento-FA baseada em FA de biomassa	Variação do ligante de AF 10%, 25% e caracterizado por XRD, XRF, TG/DTA, XPS, SEM, ESEM	Até 20% é o valor ótimo incorporado como substituição do cimento e, noutro caso, deve ser melhorado através da remoção do nível de cloreto e sulfato
(Tosti et al., 2020)	Realização de uma avaliação do ciclo de vida (LCA) da utilização da biomassa FA	Conduziu a ISO 14044 e o Manual ILCD	A utilização de cinzas de biomassa em cimento é preferível à deposição em aterro

			no que respeita ao efeito sobre as categorias de impacto não tóxico
(Teixeira et al., 2019)	Avaliação da cinza volante de madeira (WFA) como material cimentício suplementar	5-26% de substituição de cimento e seguido de análise da profundidade de carbonatação	Aumento da profundidade de carbonatação com o aumento da percentagem de AMF
(Babaahmadi et al., 2020)	Avaliação das cinzas biológicas como material cimentício suplementar (SCM)	Caracterização das bio-cinzas e ensaio de pozolanicidade	Presença de atividade de hidratação bem como de comportamento pozolânico nas bio-cinzas
(Salvo et al., 2015)	Valorizar o material cimentício suplementar (SCM) de biomassa	Efectuado com diferentes processos de valorização (vitrificação e desalcalinização)	A resistência final torna-se mais elevada utilizando cinzas de biomassa vitrificada (aparas de madeira e palha) do que a do cimento portlant original após 28 dias
(Teixeira et al., 2022)	Análise e comparação do betão utilizando cinzas volantes de biomassa (BFA) em termos de impacto ambiental	Método de avaliação do ciclo de vida (LCA)	Os resultados mostraram que o BFA utilizado isoladamente ou em mistura tem a capacidade de reduzir os impactos ambientais do betão em comparação com o betão

			convencional
(Shah et al., 2022)	Estuda a substituição do cimento e a contribuição para a redução das emissões globais de CO $_2$	Análise de dados com o método de avaliação do ciclo de vida (LCA)	O máximo de material cimentício secundário de clínquer de cimento portland poderia ter evitado até 1,3 GT de emissões de CO - eq$_2$
(Andreola et al., 2019)	Investigar a substituição parcial do cimento por AF e metacaulino no bioconcreto de bambu	Substituição parcial de 0, 40, 50, 60, e 70% de cimento com uma fração volumétrica de bambu de 40%. A FA variou de 40-10% e o metacaulim constantemente 30%. Analisar a resistência à compressão aos 7, 28, 60 e 90 dias.	Possibilidade de atingir entre 60% e 90% da resistência de referência e ter trabalhabilidade bio betão

Através da integração criteriosa de materiais cimentícios suplementares (SCM) como as cinzas volantes, a indústria da construção pode progredir para práticas mais eco-eficientes, alinhando-se com imperativos de sustentabilidade mais amplos e promovendo um ambiente construído mais resiliente para as gerações futuras.

5   Tecnologia de captura de carbono

Enquanto o AF mais proeminente tem aplicações na construção, onde é utilizado como material cimentício suplementar, outras aplicações do AF são para adsorventes na tecnologia de captura de carbono. As tecnologias de captura de carbono são uma das tecnologias propostas para reduzir as emissões globais de CO_2 e apresentam muitas oportunidades para a utilização de AF. Um dos principais entraves ao crescimento da tecnologia de captura de carbono é o seu elevado custo. A utilização de AF de baixo custo poderia reduzir os custos, diminuindo simultaneamente os problemas ecológicos associados à eliminação do AF. Outra vantagem da utilização de AF para a tecnologia de captura de carbono é o facto de ser produzido em CFPP e depois ser facilmente aplicado no local (Dindi et al., 2019). Muitos estudos estão resumidos na sua investigação científica com aplicações de AF de base húmida e aplicações de AF de base seca para a tecnologia de captura de carbono do seu sistema de carbonatação, condições experimentais e resultados em Tabela5, conforme abaixo.

Tabela 5. Características do processo e resultados do processo por via húmida e por via seca

Autores	Os objectivos	Processo experimental	Resultado
Base húmida			
(Gloss & Drever, 1995)	Determinação do efeito de um tratamento pressurizado de CO_2 na química da Tecnologia do Carvão Limpo.	AF moderadamente húmido (Humidade: 5-50%; CO_2 pressão parcial: 20-100%, pressão: 50-125 psi, condição de temperatura: 25-50°C, e tempo de reação: 24-72 h)	Aumento do precipitado de calcite na amostra de cinzas da tecnologia Clean Coal e redução do pH. O tratamento sob pressão do CO_2 foi eficaz na injeção de cal e na combustão atmosférica em leito fluidizado.
(Sarmah et	Análise do	As amostras de aminas	De um modo geral, os

Autores	Os objectivos	Processo experimental	Resultado
al., 2013)	desempenho de nanocompósitos à base de FA aminas primárias e secundárias	foram obtidas pela indústria sem qualquer purificação adicional. Incorporação da amina no AF por reação com solução ácida.	compósitos mistos de amina-FA têm uma maior estabilidade térmica, com uma área de superfície elevada e proporcionam uma maior capacidade de adsorção dos compósitos
(Lee et al., 2014)	Investigar o sorvente seco misturando FA, NaOH, CaO e sorvente adicionado com água como "W" para descobrir o comportamento de absorção	Regeneração de adsorvente adicionado de AF (WNCF) e lixiviação de WNCF carbonatado (CWNCF)	A eficiência de absorção de CO_2 do WNCf é 9% mais elevada do que sem a adição de AF.
(Zhang et al., 2014)	Revisão dos sorventes sólidos de aminas a partir de FA sintetizados	A solução sobrenadante de silicato extraída do AF por fusão alcalina e o CO_2 foi soprado para o extrato. Seguiu-se a caraterização e a medição do desempenho da sorção/dessorção de CO_2	Foi realizada com elevada capacidade de captura, regeneração, não corrosão e rápida taxa de sorção/dessorção
(Kim & Kwon, 2019)	Investigar a utilização de FA de combustível sólido recusado (SRF) como material sorvente sólido através de uma	Variação da humidade 25-100% para acelerar as condições e o efeito da carbonatação	O comprimento de difusão do H_2CO_3 na água é curto, o que permite uma reação de carbonatação mais rápida do que no processo húmido

Autores	Os objectivos	Processo experimental	Resultado
	reação de carbonatação semi-seca		
(Ćwik et al., 2018)	Estudo da carbonatação a húmido e a seco de uma FA com elevado teor de cálcio	3 temperaturas diferentes: 160, 220 e 290°C a uma pressão de CO_2 e vapor de água de 1 a 6 bar	O aumento da pressão e da temperatura melhora o processo de carbonatação
Base seca			
(Zhang et al., 2017)	Caracterização da Zeolite 13X como adsorvente de referência para a captura de CO2	Vários ensaios de caraterização por microscopia, N_2 - desempenho da medição da adsorção-dessorção por análise termogravimétrica	Indicar que o zeólito 13X sintetizado tem aplicação potencial para a captura de CO a baixa temperatura$_2$ com elevada capacidade de captura, taxa de sorção/dessorção rápida, regeneração e rentabilidade
(Park et al., 2000)	Caracterização do material zeolítico	Zeolitização de AF pelo método do sal fundido	Elevada pureza, valores de pH mais baixos, grandes teores de metais alcalinos, menor capacidade de permuta catiónica
(Gray et al., 2004)	Desenvolvimento de sorventes enriquecidos com aminas à base de concentrado de AF	O AF com teor de carbono não queimado foi tratado com cloropropilamina-hidrocloreto (CPAHCL) como processo de tratamento com aminas. A espetroscopia de	O processo de tratamento com aminas poderia desenvolver as capacidades de captura de CO_2 do concentrado de

Autores	Os objectivos	Processo experimental	Resultado
		infravermelhos por reflexão difusa (DRIFTS) foi utilizada para analisar a capacidade de captura de CO_2	carbono FA.
(Querol et al., 2002)	Panorâmica geral dos zeólitos sintetizados a partir de carvão de AF	Comparação da fase de fusão alcalina, método do sal seco ou fundido, procedimento de síntese em duas fases	A quantidade de sílica extraída da FA pode ser utilizada para limpar os gases de combustão. A presença de vapor de água pode reduzir a capacidade de absorção dos zeólitos

6   Análise de mercado

* **Análise de mercado da utilização de cinzas volantes**

Os aditivos para betão desempenham um papel fundamental na melhoria do desempenho e da sustentabilidade das estruturas de betão na florescente indústria da construção da Indonésia. Esta análise de mercado visa aprofundar a atual procura de aditivos para betão na Indonésia, identificar potenciais oportunidades de crescimento e delinear os desafios e perspectivas que o sector enfrenta.

Procura atual do mercado:

A indústria de construção da Indonésia registou um crescimento significativo nos últimos anos, impulsionado pelo desenvolvimento de infra-estruturas, urbanização e expansão industrial. Como resultado, a procura de betão de alta qualidade e durável aumentou, criando uma procura paralela de aditivos para betão. Os principais factores que impulsionam esta procura incluem a necessidade de melhorar a trabalhabilidade, a durabilidade, a resistência e a sustentabilidade das estruturas de betão. Além disso, a ênfase crescente nas práticas de construção ecológica e na sustentabilidade ambiental impulsionou a adoção de aditivos para betão que reduzem a pegada de carbono e aumentam a eficiência energética.

Oportunidades de crescimento:

Vários factores apontam para oportunidades de crescimento promissoras para os aditivos para betão na Indonésia. Em primeiro lugar, os ambiciosos planos de desenvolvimento de infra-estruturas do governo, tais como os Projectos Estratégicos Nacionais (PSN), irão impulsionar a procura de tecnologias avançadas de betão e de materiais de construção. Além disso, espera-se que a crescente conscientização entre desenvolvedores, arquitetos e engenheiros sobre os benefícios do uso de aditivos para melhorar o desempenho e a sustentabilidade do concreto estimule o crescimento do mercado. Além disso, os avanços na tecnologia de aditivos, incluindo o desenvolvimento de formulações ecológicas e de alto desempenho, são susceptíveis de expandir o âmbito de aplicação de aditivos para betão em vários sectores da construção.

Desafios e perspectivas:

Apesar das condições favoráveis do mercado, há vários desafios e perspectivas que merecem ser considerados. Em primeiro lugar, a falta de regulamentação normalizada e de medidas de controlo de qualidade para os aditivos para betão constitui um desafio ao crescimento do mercado e à confiança dos consumidores. A resolução deste problema exige a colaboração entre as partes interessadas do sector e as autoridades reguladoras para estabelecer orientações claras e normas de certificação. Além disso, o conhecimento e a adoção relativamente baixos de tecnologias avançadas de aditivos, especialmente entre as pequenas e médias empresas de construção, impedem a expansão do mercado. A educação das partes interessadas sobre os benefícios e a utilização correcta dos aditivos é essencial para ultrapassar esta barreira. Além disso, a acessibilidade e a disponibilidade de matérias-primas para a produção de aditivos para betão têm de ser abordadas para garantir o crescimento sustentável do mercado.

Em conclusão, a indústria de construção da Indonésia apresenta oportunidades significativas para o crescimento do mercado de aditivos para betão. Ao abordar os desafios regulamentares, aumentar a sensibilização e promover a inovação, o sector pode libertar todo o seu potencial e contribuir para o desenvolvimento de infra-estruturas sustentáveis na Indonésia.

- **Identificação de potenciais obstáculos e oportunidades para as tecnologias de captura de carbono no sector energético da Indonésia**

A adoção de tecnologias de captura de carbono representa uma via crítica para a atenuação das emissões de gases com efeito de estufa e para o combate às alterações climáticas no sector energético da Indonésia. Esta análise tem por objetivo identificar os potenciais obstáculos e oportunidades associados à implantação de tecnologias de captura de carbono na Indonésia.

Barreiras à adoção:

Vários obstáculos impedem a adoção generalizada de tecnologias de captura de carbono no sector energético indonésio. Em primeiro lugar, os elevados custos iniciais de capital e as despesas operacionais associadas aos projectos de captura e armazenamento de carbono (CAC) constituem um obstáculo financeiro significativo, especialmente para países em desenvolvimento como a Indonésia. Para superar este desafio, é essencial garantir um financiamento adequado e incentivos ao investimento para apoiar a implantação da CAC. Para além disso, a falta de políticas de apoio, de quadros regulamentares e de capacidades institucionais inibem ainda mais a implementação da CAC. O reforço dos quadros regulamentares, a concessão de incentivos a projectos de CAC e a promoção de parcerias público-privadas são passos cruciais para ultrapassar estes obstáculos. Além disso, a complexidade técnica e a escalabilidade das tecnologias de captura de carbono colocam desafios à sua integração nas centrais eléctricas e instalações industriais existentes. O investimento em investigação e desenvolvimento, em projectos de demonstração de tecnologias e em iniciativas de reforço das capacidades pode ajudar a ultrapassar estes obstáculos técnicos.

Oportunidades de adoção:

Apesar dos obstáculos, existem várias oportunidades para a adoção de tecnologias de captura de carbono no sector energético indonésio. Em primeiro lugar, as abundantes reservas de carvão e gás natural da Indonésia fazem deste país um candidato ideal para a implantação de tecnologias CAC em centrais eléctricas e instalações industriais baseadas em combustíveis fósseis. A implementação da CAC pode permitir à Indonésia tirar partido dos seus recursos de combustíveis fósseis, reduzindo simultaneamente as emissões de gases com efeito de estufa e cumprindo os seus objectivos climáticos. Além disso, as colaborações e parcerias internacionais oferecem oportunidades para a transferência de tecnologia, a partilha de conhecimentos e o desenvolvimento de capacidades em matéria de CAC. O aproveitamento das competências internacionais e do apoio financeiro pode acelerar a implantação de projectos de CAC na Indonésia. Além disso, a crescente dinâmica global no sentido da descarbonização e a crescente ênfase no desenvolvimento sustentável criam um ambiente propício à promoção das CAC como uma estratégia viável de atenuação das alterações climáticas. O posicionamento da CAC como componente essencial da transição energética da Indonésia pode atrair investimentos, impulsionar a inovação e aumentar a competitividade do país no mercado mundial das energias limpas.

Em conclusão, embora existam desafios, a adoção de tecnologias de captura de carbono apresenta oportunidades significativas para a Indonésia atenuar as emissões, aumentar a segurança energética e promover o desenvolvimento sustentável. Ao ultrapassar os obstáculos, aproveitar as oportunidades e promover parcerias, a Indonésia pode emergir como líder na implantação da CAC e contribuir para os esforços globais de combate às alterações climáticas.

- **Quadros políticos, requisitos regulamentares e incentivos para a utilização de cinzas volantes e iniciativas de captura de carbono na Indonésia**

A utilização eficaz das cinzas volantes e a implementação de iniciativas de captura de carbono são componentes integrais da estratégia da Indonésia para atingir os seus objectivos de desenvolvimento sustentável e mitigar os impactos das alterações climáticas. Esta análise examina os quadros políticos existentes, os requisitos regulamentares e os incentivos relevantes para a utilização das cinzas volantes e as iniciativas de captura de carbono na Indonésia.

Quadros políticos para a utilização de cinzas volantes:

A Indonésia tem feito progressos no desenvolvimento de quadros políticos para promover a utilização sustentável das cinzas volantes em vários sectores, especialmente na construção e na indústria transformadora. O Ministério do Ambiente e das Florestas (MoEF) emitiu regulamentos e directrizes para regular a gestão, utilização e eliminação das cinzas volantes produzidas pelas centrais eléctricas a carvão. Estes regulamentos visam minimizar os impactos ambientais, promover a eficiência dos recursos e incentivar a adoção de práticas sustentáveis na gestão das cinzas volantes. Além disso, o governo introduziu incentivos e reduções fiscais para encorajar as indústrias a utilizar as cinzas volantes como matéria-prima na produção de cimento, na construção de estradas e noutras aplicações. Os esforços de colaboração entre as agências governamentais, as partes interessadas da indústria e as instituições de investigação são essenciais para garantir uma implementação e aplicação eficazes das políticas de utilização de cinzas volantes.

Requisitos regulamentares para as iniciativas de captura de carbono:

Nos últimos anos, a Indonésia tomou medidas para desenvolver quadros regulamentares para apoiar a implantação de iniciativas de captura de carbono no sector da energia. O governo estabeleceu os quadros legais e institucionais necessários para facilitar os projectos de captura e armazenamento de carbono (CCS), incluindo procedimentos de licenciamento, avaliações de impacto ambiental e protocolos de monitorização. Além disso, a Indonésia está a participar ativamente em iniciativas e parcerias internacionais destinadas a promover a implantação da CAC e a partilha de conhecimentos. No entanto, a incerteza regulamentar, os obstáculos burocráticos e as capacidades institucionais limitadas continuam a ser os principais desafios à adoção generalizada das tecnologias CCS. Para responder a estes desafios, é necessário simplificar os processos regulamentares, melhorar a coordenação entre as agências governamentais e prestar assistência técnica aos promotores de projectos.

Incentivos à utilização de cinzas volantes e iniciativas de captura de carbono:

Para incentivar a utilização de cinzas volantes e as iniciativas de captura de carbono, o governo indonésio oferece uma série de incentivos financeiros, reduções fiscais e subsídios a projetos e indústrias elegíveis. Por exemplo, as indústrias que utilizam cinzas volantes como substituto do cimento ou matéria-prima nos processos de fabrico podem qualificar-se para incentivos fiscais ou termos de empréstimo preferenciais. Do mesmo modo, os projectos CCS podem ser elegíveis para subvenções, subsídios ou créditos de carbono no âmbito dos mercados internacionais de carbono ou dos mecanismos de financiamento do clima. Além disso, o governo fornece assistência técnica, apoio à criação de capacidades e subvenções à investigação para facilitar a transferência de tecnologia e a inovação na utilização de cinzas volantes e nas tecnologias de captura de carbono. O reforço destes incentivos e o seu alinhamento com os objectivos nacionais em matéria de clima e energia podem catalisar o investimento do sector privado e acelerar a adoção de práticas sustentáveis nas iniciativas de gestão das cinzas volantes e de captura de carbono.

Em conclusão, são essenciais quadros políticos, requisitos regulamentares e incentivos eficazes para promover a utilização de cinzas volantes e iniciativas de captura de carbono na Indonésia. Ao reforçar a colaboração entre as agências governamentais, as partes interessadas da indústria e os parceiros internacionais, a Indonésia pode libertar todo o potencial destas iniciativas e contribuir para o desenvolvimento sustentável e a resiliência climática.

7 Resultados e discussão

Asesmen pemetaan kondisi *boiler* harus dilakukan pada tahap awal perencanaan implementasi *thermal spray coating* pada *tube boiler* PLTU eksisting. Adapun metode asesmen yang dilakukan sebagai berikut:

As composições químicas do combustível e do AF são principalmente afectadas pelas características da biomassa, do carvão e da tecnologia da caldeira. Tabela6 mostra o resultado dos ensaios laboratoriais para cinco tipos de biomassa. Para conhecer as características do combustível e das cinzas, foram efectuadas várias análises, tais como a análise proximal, a análise final e a análise das cinzas, em conformidade com a norma ASTM.

Tabela 6. Análise de combustíveis e cinzas

Parameters	Unit	A	B	C	D	E
Proximate Analysis – ASTM D3180						
Gross Caloric Value	kCal/kg	3883	4327	3754	4266	4207
Total Moisture	% wt	36.97	33.49	40.25	31.23	31.59
Ash Content	% wt	4.17	2.25	4.43	8.53	4.69
Volatile Matter	% wt	31.84	34.03	30.33	31.61	33.35
Fixed Carbon	% wt	27.02	30.23	24.99	28.63	30.37
Total Sulfur	% wt	0.15	0.09	0.13	0.5	0.16
Ultimate Analysis – ASTM D3178						
Hydrogen	% wt	3.74	3.25	3.08	3.16	2.48
Carbon	% wt	41	45.64	40.13	44.62	44.57
Nitrogen	% wt	0.66	0.56	0.56	0.67	0.72
Oxygen	% wt	13.31	13.7	11.42	9.79	0.16
Ash Analysis – ASTM D3682						
Al_2O_3	%	23.03	10.35	19.04	21.6	16.76

Parameters	Unit	A	B	C	D	E
SiO_2	%	47.86	33.05	40.9	60.31	38.98
SO_3	%	3.92	3.86	4.73	4.81	3.96
CaO	%	10.79	12.69	17.13	2.58	13.65
MgO	%	2.89	8.94	2.69	1.91	7.46
K_2O	%	0.48	0.68	0.55	0.53	0.98
TiO_2	%	0.87	0.205	1.06	1.11	0.73
Mn_3O_4	%	-	0.46	-	-	-
MnO_2	%	0.37	-	0.51	0.12	0.19
P_2O_3	%	0.89	-	-	-	-
P_2O_5	%	-	0.09	0.08	0.41	0.26
Fe_2O_3	%	7.73	29.46	12.82	5.34	16.87
Na_2O	%	1.15	0.18	0.55	1.31	0.12
Loss of Ignition – ASTM D7348						
LOI	%	0.07	0.06	0.06	0.06	0.06

A produção de cimento Portland Cement Ordinary (OPC) pode aumentar as emissões globais de CO_2 . Com a co-combustão de carvão e biomassa da central eléctrica baseada em FA, pode contribuir para apoiar os Objectivos de Desenvolvimento Sustentável (ODS). O AF, enquanto material pozolânico, pode ser um material de substituição parcial do OPC na composição principal do betão. Na presença dos principais elementos pozolânicos, o Al O_{23} , o SiO_2 e o Fe O_{23} podem ligar o $Ca(OH)_2$ para formar uma reação secundária de hidrato de silicato de cálcio, o que tem um impacto no aumento da resistência à compressão. Com base na tabela acima, informa-se que a Biomassa C tem um valor calórico bruto inferior a 3754 kCal/kg do que as outras, e também o teor de humidade total mais elevado, 40,25%. Mas na análise das cinzas, a Biomassa C tem o teor mais elevado de Al

O_{23} . O Al contribui para a reação pozolânica na ligação CSH. Outro caso, este também é um componente crítico na captura de carbono com o próximo processo de extração de Al por tratamento hidrotérmico (Zhang et al., 2017). Uma elevada proporção de aluminossilicato contribui para a sílica mesoporosa e os silicatos podem ser extraídos em condições de operação suaves (Dindi et al., 2019).

Com base nos requisitos da norma ASTM C618, conforme indicado no Tabela7, a central eléctrica que utilizou a biomassa de co-combustão FA para material pozolânico como classe F e N (ver Tabela8). Estas várias biomassas têm grande potencial para serem desenvolvidas na Indonésia devido à abundância de recursos naturais.

Tabela 7. Classificação padrão da AF

Parameters	Unit	Class		
		N	F	C
$SiO_2+Al_2O_3+Fe_2O_3$	Min, %	70	70	50
SO_3	Max, %	4.0	5.0	5.0

Tabela 8. Classificação da biomassa FA

Biomass Type	Pozzonalic Class Catagory
Woodchip	N
Saw Dust	N
Palm Kernel Shell (PKS)	F
Rice Husk	F
Corn Cobs	N

Muitos estudos sobre a utilização de AF a partir de biomassa e ou co-combustão com carvão para misturas de cimento e outros métodos para melhorar o desempenho e a durabilidade do betão. Cada um dos AF provenientes de diferentes fontes de biomassa daria diferentes características de resistência do betão e de prevenção da corrosão com base na sua composição química. Existe uma camada passiva sobre o aço de reforço no betão devido ao elevado pH do betão 12-13. Com a condição porosa do betão e a elevada taxa de absorção de água, o ião de compostos ácidos, como o Cl^-, que se difunde no betão para a superfície do aço de reforço, pode resultar na perda de uma camada passiva de aço. A superfície do aço cuja camada passiva é perdida torna-se o ânodo da reação de corrosão do aço de reforço. A equação da reação anódica no aço para betão armado pode ser escrita na equação 2.1

$$Fe \rightarrow Fe^{2+} + 2e^-$$

(2.1)

Uma vez que a água que entra em contacto com a atmosfera contém oxigénio dissolvido. A água é neutra, pelo que a reação catódica que ocorre é a redução do oxigénio, de acordo com a equação 2.2

$$O_2 + 2H_2O + 2e^- \rightarrow 4OH^-$$

(2.2)

Os dois iões formados no ânodo e no cátodo combinam-se para formar um composto resultante da corrosão. As equações 2.3 e 2.4 são reacções electroquímicas entre o ânodo e o cátodo.

$$2Fe + O_2 + 2H\,O_2 \rightarrow 2Fe^{2+} + 4OH^-$$

(2.3)

$$2Fe_2^+ + 4OH^- \rightarrow 2Fe\,(OH)_2$$

(2.4)

$Fe(OH)_2$ como a forma inicial do composto induzido pela corrosão estará na superfície do aço de reforço corroído.

A penetração de iões cloreto nas estruturas de betão é um fator primordial que contribui para a degradação e eventual falha do betão armado, particularmente em ambientes com condições adversas ou marítimas. Os efeitos deletérios da penetração de iões cloreto são exacerbados por vários factores de influência, nomeadamente a porosidade do betão e o processo de hidratação do cimento.

A porosidade, inerente às composições de betão, serve de via para a entrada de iões de cloreto na matriz do betão. Níveis elevados de porosidade, quer devido a uma conceção inadequada da mistura, a uma cura incorrecta ou à exposição ambiental, facilitam a rápida difusão dos iões de cloreto através dos poros do betão. Uma vez no interior da estrutura de betão, os iões de cloreto iniciam uma série de reacções químicas que comprometem a integridade do betão armado, conduzindo à corrosão das armaduras de aço incorporadas.

Além disso, o processo de hidratação do cimento, uma etapa fundamental na formação do betão, influencia a suscetibilidade do betão à penetração de iões cloreto. Durante a hidratação, as partículas de cimento reagem com a água para formar um gel de silicato de cálcio hidratado (C-S-H), que contribui para a resistência e a durabilidade do betão. No entanto, uma hidratação incompleta ou práticas de cura inadequadas podem resultar na formação de materiais cimentícios não reagidos, deixando vazios e descontinuidades na estrutura do betão. Estes vazios servem como vias preferenciais para a entrada de iões cloreto, acelerando o processo de corrosão e comprometendo a integridade estrutural dos elementos de betão armado.

A falha local da camada passiva, uma película protetora de óxido na superfície da armadura de aço embutida, agrava ainda mais os efeitos da penetração de iões de cloreto. Quando os iões de cloreto penetram na camada passiva, criam um ambiente propício à corrosão eletroquímica, iniciando a formação de uma célula de corrosão. Neste processo eletroquímico, a zona de corrosão ativa (ânodo) sofre oxidação, libertando iões ferrosos e electrões, enquanto a zona passiva (cátodo) facilita a redução do oxigénio e da água, completando o circuito de corrosão. O processo de corrosão contínua leva à formação de produtos de corrosão expansivos, que exercem pressão interna sobre o betão circundante, resultando em fissuração, fragmentação e deterioração estrutural. Figura 2 como se mostra a seguir.

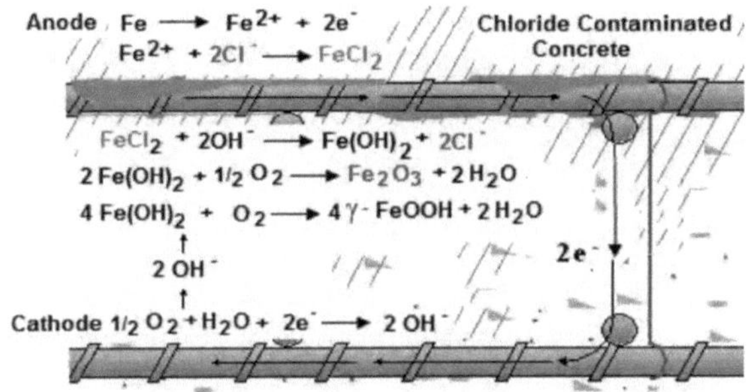

Figura 2. Formação de células de corrosão no betão de reforço em ambiente marítimo (Shi et al., 2010)

O desempenho das cinzas volantes provenientes da biomassa de serradura como aditivo para betão proporciona uma baixa permeabilidade, o que é confirmado pelo ensaio de carbonaion, como mostra a Figura 2.

Figura 2. Ensaio de carbonatação para betão com armaduras de AF.

A Figura 2 mostra uma cor rosa que confirma que o espécime não sofreu um processo de carbonatação do exterior do betão para a armadura no interior do betão.

Com base na investigação e na revisão da literatura acima referidas, pode confirmar-se que todos os tipos de biomassa, desde aparas de madeira, serradura, PKS, casca de arroz, cubos de milho, contribuíram potencialmente para melhorar as propriedades mecânicas do betão e também das argamassas. O impacto positivo do ponto de vista ambiental pode reduzir a pegada de carbono através da utilização de AF de biomassa.

No que diz respeito à captura de CO_2 , todas as características do AF de co-combustão têm um potencial de desenvolvimento e investigação para a captura de carbono para dar material sorvente alternativo para além da amina. Devido à forma arredondada do AF, este torna-se um material poroso, como se pode ver nos resultados de SEM da Figura 3. Os materiais porosos proporcionam uma melhor caraterística de adsorção e possuem óxidos metálicos estáveis, como Al O ,23 SiO2, e CaO.

Figura 3. Caracterização geral da AF com SEM

Recentemente, muitos estudos investigaram a utilização de AF para o desenvolvimento de tecnologias de captura de carbono. Foram identificadas várias abordagens científicas em três categorias (Wee, 2013), tais como:

1. Processo húmido e seco.

No processo húmido, os elementos do AF, tais como Ca, Na, Mg e K, são lixiviados por uma solução ácida e depois consumidos na reação de carbonatação para armazenar CO_2. No processo seco, o AF é sintetizado para se tornar zeólito como matéria-prima de suporte do sorvente catalítico para a captura de CO_2.

2. Nivelamento da pressão durante a carbonatação.

Esta categoria é efectuada em condições atmosféricas ou de alta pressão. Em condições de alta pressurização é realizada numa autoclave com o objetivo de armazenar CO_2.

3. Número de processos envolvidos

Num processo de uma etapa, o tratamento FA e a carbonatação são efectuados quase simultaneamente. Geralmente, o processo múltiplo não é desejável porque envolve a regeneração do solvente e reacções secundárias. Noutros estudos (Soong et al., 2006) Demonstrar a viabilidade do AF de classe C como agente alcalino para a reação de carbonatação de salmoura com um processo em várias etapas, utilizando uma solução de salmoura e CO_2 como reagentes e o resultado informa o aumento da dissolução de CO_2 e a formação de $CaCO_3$.

8 Conclusões

As centrais eléctricas alimentadas a carvão (CFPPs) continuam a ser a principal fonte de produção de eletricidade na Indonésia, reflectindo a dependência do país de fontes de energia convencionais para satisfazer as suas crescentes necessidades energéticas. Em resposta aos imperativos globais de sustentabilidade e integração das energias renováveis, a co-combustão biomassa-carvão surgiu como um programa estratégico com potencial para reforçar o objetivo de 23% de energias renováveis da Indonésia até 2025. Além disso, a utilização de cinzas volantes (FA) geradas a partir de CFPPs como um material de resíduos sólidos para mistura de cimento e captura de carbono apresenta oportunidades para mitigar os impactos ambientais e avançar para o Net Zero Emissions (NZE) até 2060. Este documento investiga as cinzas volantes das CFPPs indonésias, examinando a sua compatibilidade com vários tipos de biomassa e explorando a sua potencial utilização na produção de betão e nas tecnologias de captura de carbono.

A investigação levada a cabo neste estudo centrou-se na caraterização das cinzas volantes das CFPPs indonésias quando co-queimadas com diferentes tipos de biomassa, bem como numa revisão da investigação atual sobre as características das cinzas volantes de biomassa e a sua potencial utilização. Através de uma análise abrangente, foram retiradas várias conclusões importantes:

1. Cada tipo de biomassa utilizada na co-combustão apresenta características distintas que influenciam o desempenho do betão e a sua adequação como material para a captura de carbono. A compreensão destas variações é essencial para otimizar o processo de co-combustão e maximizar os benefícios da co-combustão biomassa-carvão.

2. A utilização de cinzas volantes em betão armado tem mostrado impactos positivos no desempenho do betão, particularmente através da formação de reacções secundárias com silicato de cálcio hidratado, resultando num aumento da resistência à compressão. Este resultado sublinha o potencial das cinzas volantes como material suplementar valioso na produção de betão, contribuindo para uma maior durabilidade e integridade estrutural.

3. A natureza porosa e a morfologia específica das cinzas volantes tornam-nas adequadas para aplicações de captura de carbono. A porosidade inerente das cinzas volantes aumenta a sua capacidade de absorção, particularmente quando expostas a gases e poluentes, facilitando assim processos eficientes de captura e sequestro de carbono. Esta caraterística realça a dupla funcionalidade das cinzas volantes, não só como material de construção, mas também como meio de mitigar as emissões de gases com efeito de estufa.

4. O desenvolvimento de materiais resultantes da utilização de cinzas volantes é promissor para reduzir os custos de investimento associados a projectos de construção e módulos de captura de carbono. Ao reutilizar as cinzas volantes como um recurso valioso na produção de betão e nas tecnologias de captura de carbono, podem ser realizadas poupanças de custos significativas, ao mesmo tempo que se avançam os objectivos de sustentabilidade.

As conclusões apresentadas neste documento têm implicações significativas para os sectores da energia e da construção na Indonésia e não só. A integração da co-combustão biomassa-carvão e da utilização de cinzas volantes representa uma abordagem multifacetada para enfrentar os desafios duplos da segurança energética e da sustentabilidade ambiental. Ao aproveitar os recursos de biomassa e reutilizar os resíduos de cinzas volantes, a Indonésia pode diversificar o seu cabaz energético, reduzir a dependência dos combustíveis fósseis e mitigar as emissões de gases com efeito de estufa.

Olhando para o futuro, as futuras direcções de investigação devem centrar-se na otimização dos processos de co-combustão biomassa-carvão, na caraterização mais aprofundada das propriedades das cinzas volantes de biomassa e na exploração de aplicações inovadoras para as cinzas volantes em tecnologias de captura de carbono. Além disso, os esforços para aumentar a consciencialização do público, a colaboração da indústria e o apoio político são cruciais para aumentar as iniciativas de co-combustão de biomassa-carvão e de utilização de cinzas volantes. Através de uma ação concertada e de investimento estratégico, a Indonésia pode posicionar-se como líder na inovação energética sustentável, abrindo caminho para um futuro mais verde e mais resiliente.

9 Referências

Abdullah, K. (2002). Biomass energy potentials and utilization in Indonesia (Potenciais e utilização da energia da biomassa na Indonésia). *Laboratório de Energia e Eletrificação Agrícola, Departamento de Engenharia Agrícola, IPB e Sociedade Indonésia de Energias Renováveis [IRES], Bogor.*

Ahmaruzzaman, M. (2010). Uma revisão sobre a utilização de cinzas volantes. *Progress in Energy and Combustion Science, 36*(3), 327-363.

Andreola, V. M., Gloria, M. Y. R., Santos, D. O. J., & Filho, R. D. T. (2019). Substituição parcial do cimento pela combinação de cinzas volantes e metacaulim em bioconcretos de bambu. *Revista Acadêmica de Engenharia Civil, 37*(2), 102-106.

Aryanti, M. P., & Simbolon, K. (2022). A oportunidade da Indonésia de acelerar a utilização de resíduos de carvão de cinzas volantes e cinzas de fundo por meio da cooperação internacional. *Conferência Internacional de Ciências Sociais da Universitas Lampung (ULICoSS 2021), 52-58.*

Babaahmadi, A., Plusquellec, G., L'Hôpital, E., & Mueller, U. (2020). Utilização de Bio Cinzas em Materiais à base de Cimento: A Case Study in Cooperation with Pulp and Paper and Energy Production Industries in Sweden. *Nordic Concrete Research, 63*(2), 63-78. https://doi.org/10.2478/ncr-2020-0017

Balachandra, A. M., Abdol, N., Darsanasiri, A. G. N. D., Zhu, K., Soroushian, P., & Mason, H. E. (2021). Cinzas de carvão em aterro para captura de dióxido de carbono e seu potencial como aglutinante de geopolímero para remediação de resíduos perigosos. *Jornal de Engenharia Química Ambiental, 9*(4). https://doi.org/10.1016/j.jece.2021.105385

Chindaprasirt, P., Kroehong, W., Damrongwiriyanupap, N., Suriyo, W., & Jaturapitakkul, C. (2020). Propriedades mecânicas, resistência ao cloreto e microestrutura do concreto de cimento com cinzas de mosca Portland contendo cinzas de bagaço de alto volume. *Journal of Building Engineering, 31*, 101415. https://doi.org/10.1016/j.jobe.2020.101415

Ćwik, A., Casanova, I., Rausis, K., Koukouzas, N., & Zarębska, K. (2018). Carbonatação de cinzas volantes com alto teor de cálcio e seu potencial para remoção de dióxido de carbono em usinas termelétricas a carvão. *Journal of Cleaner Production*, *202*, 1026-1034. https://doi.org/10.1016/j.jclepro.2018.08.234

Ćwik, A., Casanova, I., Rausis, K., & Zarębska, K. (2019). Utilização de cinzas volantes com alto teor de cálcio por meio de carbonatação mineral: Os casos da Grécia, Polónia e Espanha. *Journal of CO2 Utilization*, *32*, 155-162. https://doi.org/https://doi.org/10.1016/j.jcou.2019.03.020

Dindi, A., Quang, D. V., Vega, L. F., Nashef, E., & Abu-Zahra, M. R. M. (2019). Aplicações de cinzas volantes para captura, utilização e armazenamento de CO2. *Journal of CO2 Utilization*, *29* (junho de 2018), 82-102. https://doi.org/10.1016/j.jcou.2018.11.011

Dzikuć, M., & Łasiński, K. (2014). Aspectos técnicos e económicos da co-combustão de biomassa em caldeiras a carvão. *Revista Internacional de Mecânica Aplicada e Engenharia*, *19*(4), 849-855.

Parlamento Europeu e Conselho. (2005). Comunicação da Comissão: Plano de ação para a biomassa. *Biomassa*, 1-47.

Fernando, S., Gunasekara, C., Law, D. W., Nasvi, M. C. M., Setunge, S., Dissanayake, R., & Robert, D. (2022). Avaliação ambiental e análise económica de tijolos alcalino-activados misturados com cinza volante e cinza de casca de arroz. *Environmental Impact Assessment Review*, *95*, 106784.

Gil, M. V, & Rubiera, F. (2019). *5 - Cofiring de carvão e biomassa: fundamentos e tendências futuras* (I. Suárez-Ruiz, M. A. Diez, & F. B. T.-N. T. em C. C. Rubiera (eds.); pp. 117-140). Woodhead Publishing. https://doi.org/https://doi.org/10.1016/B978-0-08-102201-6.00005-4

Gloss, S. P., & Drever, J. I. (1995). Reação de CO2 com cinzas de tecnologia de carvão limpo para reduzir a mobilidade de elementos vestigiais. *WWRC-95-13*, 385-398. https://doi.org/10.1007/BF00475350

Gray, M. L., Soong, Y., Champagne, K. J., Baltrus, J., Stevens, R. W., Toochinda, P., & Chuang, S. S. C. (2004). Captura de CO2 por sorventes de carbono de cinzas volantes enriquecidos com amina. *Separation and Purification Technology*, *35*(1), 31-36. https://doi.org/10.1016/S1383-5866(03)00113-8

Kim, J. H., & Kwon, W. T. (2019). Processo de carbonatação semi-seco usando cinzas volantes de usina de combustível sólido recusado. *Sustentabilidade (Suíça), 11*(3). https://doi.org/10.3390/su11030908

Kuvarakul, T., Pratidina, A., Anggraeni, D., & Saraswati, H. (2015). *Renewable Energy Guideline on Biomass and Biogas Power Project Development in Indonesia. fevereiro*, 204.

Lee, J., Han, S. J., & Wee, J. H. (2014). Síntese de sorventes secos para captura de dióxido de carbono usando cinzas volantes de carvão e seu desempenho. *Applied Energy, 131*, 40-47. https://doi.org/10.1016/j.apenergy.2014.06.009

MEMR. (2021). Rencana Usaha Penyediaan Tenaga Listrik (RUPTL) PT PLN (Persero) 2021-2030. *Rencana Usaha Penyediaan Tenaga Listrik 2021-2030*, 2019-2028.

Park, M., Choi, C. L., Lim, W. T., Kim, M. C., Choi, J., & Heo, N. H. (2000). Método do sal fundido para a síntese de materiais zeolíticos II. Caracterização de materiais zeolíticos. *Microporous and Mesoporous Materials, 37*(1-2), 91-98. https://doi.org/10.1016/S1387-1811(99)00195-X

Querol, X., Moreno, N., Umaa, J. C., Alastuey, A., Hernández, E., López-Soler, A., & Plana, F. (2002). Síntese de zeólitos a partir de cinzas volantes de carvão: uma visão geral. *International Journal of Coal Geology, 50*(1-4), 413-423. https://doi.org/10.1016/S0166-5162(02)00124-6

Rahman, A., Farrok, O., & Haque, M. M. (2022). Impacto ambiental das centrais eléctricas baseadas em fontes de energia renováveis: Solar, eólica, hidroelétrica, biomassa, geotérmica, marés, oceânica e osmótica. *Renewable and Sustainable Energy Reviews, 161*, 112279.

Rajamma, R., Ball, R. J., Tarelho, L. A. C., Allen, G. C., Labrincha, J. A., & Ferreira, V. M. (2009). Caracterização e utilização de cinzas volantes de biomassa em materiais à base de cimento. *Journal of Hazardous Materials, 172*(2-3), 1049-1060. https://doi.org/10.1016/j.jhazmat.2009.07.109

Reynolds-Clausen, K., & Singh, N. (2019). A estratégia revista de cinzas de carvão do produtor de energia da África do Sul e o progresso da implementação. *Produtos de Combustão e Gaseificação de Carvão, 11*(1), 10-17.

Salvo, M., Rizzo, S., Caldirola, M., Novajra, G., Canonico, F., Bianchi, M., & Ferraris, M. (2015). Cinzas de biomassa como material cimentício suplementar

(SCM). *Advances in Applied Ceramics, 114*, S3-S10.
https://doi.org/10.1179/1743676115Y.0000000043

Sarmah, M., Baruah, B. P., & Khare, P. (2013). Uma comparação entre as
capacidades de captura de CO_2 de compósitos à base de cinzas volantes de
MEA / DMA e DEA / DMA. *Fuel Processing Technology, 106*, 490-497.
https://doi.org/10.1016/j.fuproc.2012.09.017

Satayeva, A., Baimenov, A., Azat, S., Zhantikeyev, U., Seisenova, A., & Tauanov,
Z. (2022). Revisão sobre a geração e utilização de cinzas volantes de carvão
para resolver problemas de contaminação por mercúrio na Ásia Central:
Kazakhstan. *Environmental Reviews, ja.*

Shah, I. H., Miller, S. A., Jiang, D., & Myers, R. J. (2022). A substituição do
cimento por materiais secundários pode reduzir as emissões globais anuais de
CO_2 em até 1,3 gigatoneladas. *Nature Communications, 13*(1), 1-11.
https://doi.org/10.1038/s41467-022-33289-7

Shi, X., Liu, Y., Yang, Z., Berry, M., & Rajaraman, P. (2010). *Validating the
Durability of Corrosion Resistant Mineral Admixture Concrete (Validação da
durabilidade do betão com aditivos minerais resistentes à corrosão). maio*, 1-
179.

Sibanda, V., Ndlovu, S., Dombo, G., Shemi, A., & Rampou, M. (2016). Para a
utilização de cinzas volantes como matéria-prima para a produção de alumina
de grau de fundição: uma revisão dos desenvolvimentos. *Jornal de Metalurgia
Sustentável, 2*(2), 167-184.

Soong, Y., Fauth, D. L., Howard, B. H., Jones, J. R., Harrison, D. K., Goodman, A.
L., Gray, M. L., & Frommell, E. A. (2006). Sequestro de CO_2 com solução de
salmoura e cinzas volantes. *Energy Conversion and Management, 47*(13-14),
1676-1685. https://doi.org/10.1016/j.enconman.2005.10.021

Sun, J., Zhang, Z., & Hou, G. (2020). Utilização de pó de microesfera de cinzas
volantes como uma mistura mineral de cimento: Efeitos na hidratação precoce
e microestrutura em diferentes temperaturas de cura. *Powder Technology, 375*,
262-270. https://doi.org/https://doi.org/10.1016/j.powtec.2020.07.084

Teixeira, E. R., Camões, A., & Branco, F. G. (2019). Valorização de cinzas
volantes de madeira em betão. *Recursos, Conservação e Reciclagem,*

145(janeiro), 292-310. https://doi.org/10.1016/j.resconrec.2019.02.028

Teixeira, E. R., Camões, A., & Branco, F. G. (2022). Efeito da Utilização de Cinzas Volantes de Biomassa na Sustentabilidade do Betão. *Ata Polytechnica CTU Proceedings*, *33*, 610-616. https://doi.org/10.14311/APP.2022.33.0610

Tosti, L., van Zomeren, A., Pels, J. R., & Comans, R. N. J. (2018). Desempenho técnico e ambiental de argamassas de cimento com menor pegada de carbono contendo cinzas volantes de biomassa como material cimentício secundário. *Resources, Conservation and Recycling*, *134*(March), 25-33. https://doi.org/10.1016/j.resconrec.2018.03.004

Tosti, L., van Zomeren, A., Pels, J. R., Damgaard, A., & Comans, R. N. J. (2020). Avaliação do ciclo de vida da reutilização de cinzas volantes da combustão de biomassa como material cimentício secundário em produtos de cimento. *Journal of Cleaner Production*, *245*. https://doi.org/10.1016/j.jclepro.2019.118937

Truong, A. H., Ha-Duong, M., & Tran, H. A. (2022). Economia da co-combustão de palha de arroz em centrais eléctricas a carvão no Vietname. *Renewable and Sustainable Energy Reviews*, *154*, 111742.

Varadharajan, S., Kirthanashri, S. V, Maurya, N., Bishetti, P., Shukla, B. K., & Bharti, G. (2023). Utilização de cinzas volantes em concreto: Uma revisão do estado da arte. *Conferência Indiana de Engenharia Geotécnica e Geoambiental*, 189-194.

Variny, M., Varga, A., Rimár, M., Janošovský, J., Kizek, J., Lukáč, L., Jablonský, G., & Mierka, O. (2021). Avanços na co-combustão de biomassa com combustíveis fósseis no contexto europeu: A review. *Processos*, *9*(1), 100.

Vilakazi, A. Q., Ndlovu, S., Chipise, L., & Shemi, A. (2022). A reciclagem de cinzas volantes de carvão: Uma revisão sobre desenvolvimentos sustentáveis e considerações económicas. *Sustainability*, *14*(4), 1958.

Wang, X., Rahman, Z. U., Lv, Z., Zhu, Y., Ruan, R., Deng, S., Zhang, L., & Tan, H. (2021). Estudo experimental e projeto de co-combustão de biomassa em um forno a carvão em escala real com sistema de pulverização de armazenamento. *Agronomia*, *11*(4), 810.

Wee, J. H. (2013). Uma revisão sobre a tecnologia de captura e armazenamento de dióxido de carbono usando cinzas volantes de carvão. *Applied Energy, 106*, 143-151. https://doi.org/10.1016/j.apenergy.2013.01.062

Yao, D., Xu, Z., Qi, H., Zhu, Z., Gao, J., Wang, Y., & Cui, P. (2022). Análise da pegada de carbono e da pegada hídrica da geração de gás natural sintético a partir da biomassa. *Renewable Energy, 186*, 780-789.

Yao, Z. T., Xia, M. S., Sarker, P. K., & Chen, T. (2014). Uma revisão da recuperação de alumina a partir de cinzas volantes de carvão, com foco na China. *Fuel, 120*, 74-85.

Zhang, Z., Wang, B., & Sun, Q. (2014). Sorventes de amina sólida derivados de cinzas volantes para captura de CO2 do gás de combustão. *Energy Procedia, 63*, 2367-2373. https://doi.org/10.1016/j.egypro.2014.11.258

Zhang, Z., Xiao, Y., Wang, B., Sun, Q., & Liu, H. (2017). O desperdício é um recurso mal jogado: Síntese de zeólitos de cinzas volantes para captura de CO2. *Energy Procedia, 114*(novembro 2016), 2537-2544. https://doi.org/10.1016/j.egypro.2017.08.036

I want morebooks!

Buy your books fast and straightforward online - at one of world's fastest growing online book stores! Environmentally sound due to Print-on-Demand technologies.

Buy your books online at
www.morebooks.shop

Compre os seus livros mais rápido e diretamente na internet, em uma das livrarias on-line com o maior crescimento no mundo! Produção que protege o meio ambiente através das tecnologias de impressão sob demanda.

Compre os seus livros on-line em
www.morebooks.shop

Printed by Books on Demand GmbH, Norderstedt / Germany